U0065769

關於作者
郭翔

童書策劃人，上海讀趣文化創始人。

策劃青春文學、兒童幻想文學、少兒科普等圖書，擁有十多年策劃經驗。

2015 年成功推出的原創少兒推理冒險小説《查理日記》系列，成爲兒童文學的暢銷圖書系列。

醬油小黑成長相冊

嗨，我是醬油，我叫小黑。別看我相貌平平，在我黑油油的外表下，藏著一顆多彩的心。我是特別重要的調味品，尤其是在亞洲飲食界，我的地位舉足輕重。

我的日光浴

頂級百貨公司出售的醬油

我在原料產地

醬油冰淇淋

參觀世界最大醬園

醬油博物館

目錄

醬油的由來和發展

醬油起源於中國

醬油是富有東方特色的調味品，起源於中國，盛行於亞洲，也遍及美國和歐洲。它的味道我們都非常熟悉，鮮、鹹、香。和鹽單一的鹹味相比，醬油的"內涵"要豐富得多，它不僅能提鮮，還能著色，幫我們做出色香味俱全的美味佳餚。

1 早在兩千多年前的周朝，醬油就出現在天子的飲食中。那時的醬油是由肉泥發酵後製成的。

中國自古就有吃醬的習慣，而醬油就是醬放置後上層的液體。

2 西漢時，人們已經開始用大豆製醬。東漢的記載中提到一種清醬，被認為是醬油的前身。

3 唐代，醬油的製造技術進一步發展，它不僅是人們日常生活的美味，而且作為中藥常用的藥劑，有止痛的功效。

大唐第一名醫

4 宋代時才開始使用"醬油"二字。

醬油博物館

5 明朝的《本草綱目》一書裡記載的"稀態發酵"釀造醬油的方法，和現代的釀造法已經沒有本質差異。

6 五〇年代初期，中國引入蘇聯的"固態無鹽發酵"技術（即速釀技術），迅速提高了醬油產量。為了提升醬油質量，中國自主發明了"低鹽固態發酵法"。

醬油普及世界

醬油從中國走向世界，最先傳到日本，接著遍及東南亞，逐漸傳遍亞洲，到 18 世紀 70 年代時傳到歐洲和美國。今天，日本已經成為醬油食用和生產的大國。

1 西元 755 年，唐朝的鑒真和尚東渡日本講學，把醬油製造技術帶到了日本。

跟著我去看看吧。

2 西元 1521 年，日本歷史上室町時代的大永元年，醬油的名稱首次見諸文字記載。這時候，醬油在日本已經比較普及，出現了專門製作醬油的工廠。

3 紀州湯淺地區是日本最早較有規模的醬油產地，曾經每十戶人家就有一家經營醬油生意。進入江戶時代，日本醬油產業迅速發展。

5 和傳入日本的過程相似，醬油也是隨著佛教僧侶的活動，從中國先後傳到朝鮮和韓國等東亞周邊國家的。

佛教僧侶活動

朝鮮

韓國

其他周邊國家

4 1899 年，日本成立了世界上第一個醬油研究所，培養出一大批研究醬油製作的碩士、博士。

OX
醬油研究所

1899 立

6 1775 年，日本醬油和大豆一起被瑞典植物學家介紹到歐洲。

歐洲

7 20世紀 70 年代，日本醬油被編入美國的食譜和烹飪書中，在美國超市裡，出現了用醬油現場製作美食的推廣方式，使醬油逐漸走進美國家庭。

美國食譜

醬油的分類

　　醬油是富有東方特色的調味品，起源於中國，盛行於亞洲，也遍及美國和歐洲。它的味道我們都非常熟悉，鮮、鹹、香。和鹽單一的鹹味比，醬油的“內涵”要豐富得多，它不僅能提鮮，還能著色，幫我們做出色香味俱全的美味佳餚。

生抽

　　主要用來烹飪比較清淡的食物，能夠保留食材本身的色澤和味道。

老抽

　　多用來烹飪肉類和口味比較重的菜，會削弱甚至代替食材本身的色澤和味道。

生抽和老抽對比表

名稱	製作工藝	顏色	味道	用途	適用菜餚	舉例
生抽	不添加焦糖色	較淡，呈紅褐色	比較鹹	調味	炒菜、涼拌菜	涼拌醬油、蒸魚醬油
老抽	添加焦糖色	較深，呈棕褐色，有光澤	鮮美而微甜	調色	肉類、紅燒菜	紅燒醬油、草菇老抽

小黑民俗課 生抽、老抽中的 "抽" 是什麼意思

　　"抽" 有吸和取的意思。在古代，醬油是在大大的醬缸裡發酵得來的，當醬油原汁慢慢滲出時，工人們不能推倒醬缸把醬油倒出來，而是把原汁 "抽" 出來。所以，"抽" 字便形象地被用來給醬油命名。在南方的許多城市，人們用 "生抽" 和 "老抽" 來區分淺色醬油和深色醬油。

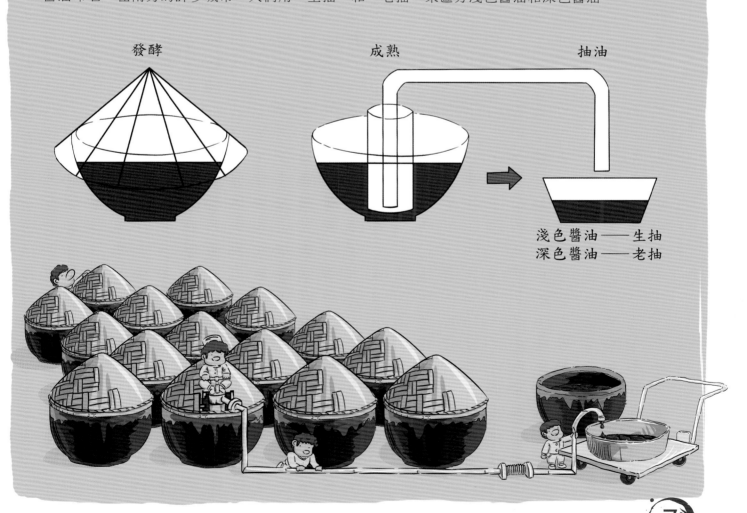

發酵　　　　　成熟　　　　　抽油

淺色醬油──生抽
深色醬油──老抽

釀造醬油和配製醬油

按照製作方法分類，醬油又分為釀造醬油和配製醬油兩種。

釀造醬油

配製醬油

釀造醬油

釀造醬油主要是以大豆、小麥和（或）麩皮、食鹽為原料，經過發酵製成的，口味鮮甜、營養豐富。

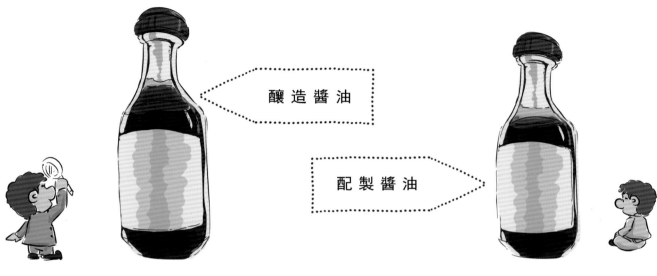

正在發酵的釀造醬油

大豆

配製醬油

配製醬油是以釀造醬油為主要原料之一，加入酸水解植物蛋白調味液和食品添加劑等配製而成的。

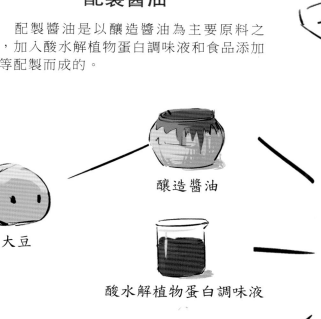

大豆

釀造醬油

酸水解植物蛋白調味液

食品添加劑

釀造醬油的比例不少於 50%

釀造醬油和配製醬油特點比較

醬油種類	原料	工藝	生產週期	產量	成本	顏色	營養成分	味道
釀造醬油	大豆、小麥、麩皮	純天然釀造	3~6 個月	低	較高	鮮艷有光澤	高	鮮味突出帶甜味
配製醬油	釀造醬油（不少於 50%） 食品添加劑 酸水解植物蛋白調味液	混合調配	8~10 小時	高	較低	無光澤	低	鮮鹹適口

釀造醬油

　　釀造醬油屬於傳統製法，如同米發酵製成酒、麵糰發酵製作饅頭一樣，醬油的釀造過程中最關鍵的一個步驟，就是原料的發酵。

這些都是聰明的中國人對自然轉化的觀察、累積和實踐，在微生物被人類用肉眼真正看到之前，便將它們運用得得心應手。

釀造醬油的原料

釀造醬油的原料有大豆、食鹽、水和其他輔料，其中，最主要的是大豆。

大豆

豆渣和豆餅

大豆榨油後剩下的渣子被稱為豆渣，將豆渣壓成餅，則被稱為豆餅。它們是釀造醬油的最基本、最常用的原料。除此之外，還有花生餅（花生榨油後剩下的渣子壓成的餅）、蠶豆、小麥和麩皮等。

> 豆渣和豆餅具有很高的營養價值，人們也常用它們來做飼料和肥料。

花生餅

麩皮

豆餅

小麥

蠶豆

小黑生活課 如何去除衣服上的醬油汙漬

醬油的顏色很深，不小心滴在衣服上，通常很難洗掉。如果你明白了醬油的成分，這個問題便可輕而易舉地解決。醬油富含有機酸，呈酸性，所以，在醬油汙漬上倒些呈鹼性的蘇打粉溶液，酸鹼中和，汙漬就可輕易被洗掉了。

食鹽和水

食鹽和水也是釀造醬油的必備原料。食鹽是醬油鹹味的來源，同時可以起到減少雜菌汙染的作用。生產 1 噸醬油通常需要 6~7 噸水，飲用自來水、深井水等清潔水源都可以使用。

食鹽

其他輔料

其他輔料包括苯甲酸鈉、山梨酸鉀，用來防腐、保鮮，這兩個名詞通常會出現在食品包裝的配料表裡；還有大蒜、生薑、草菇等。

🍶 小黑科學課 醬油原料的發酵

發酵需要依靠微生物，它的滋生需要特定的溫度和濕度。在古代，人們依靠對氣候的瞭解選擇最適當的時機發酵；今天，科技的發展提供了現成的米麴黴菌菌種，可以直接加入準備好的原料，幫助發酵。這個過程在釀造醬油中被稱為＂製麴＂。

大豆的生長

大豆是釀造醬油最重要的原料。中國是世界上大豆主產國之一，年產量居世界第四，居世界第一的是美國；中國同時也是世界上大豆主要消費國之一，雖然產量高，卻還要從國外進口大豆，是世界上最大的大豆進口國。

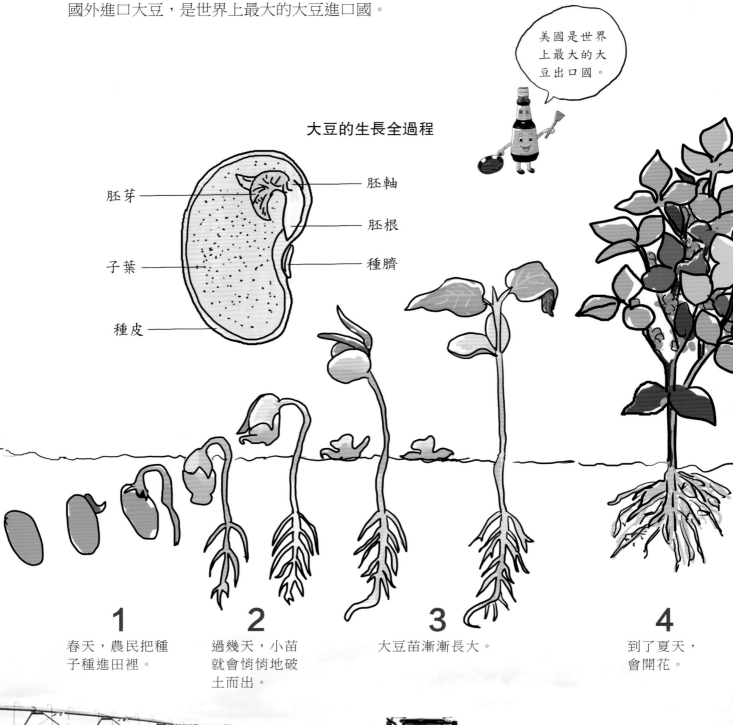

美國是世界上最大的大豆出口國。

大豆的生長全過程

胚芽

胚軸

胚根

子葉

種臍

種皮

1
春天，農民把種子種進田裡。

2
過幾天，小苗就會悄悄地破土而出。

3
大豆苗漸漸長大。

4
到了夏天，會開花。

小黑自然課 大豆的生長離不開水

大豆的生長離不開水，不過它在不同時期對水的需求量可不一樣。幼苗期特別怕水，之後對水的需求開始慢慢增加，開花期對水的需求量達到最大，而到了成熟期，需水量又急劇下降。此外，大豆特別怕被淹，所以農民給大豆補水時，都是慢慢濕潤田地，而且一定要在大雨後給它們及時排水。

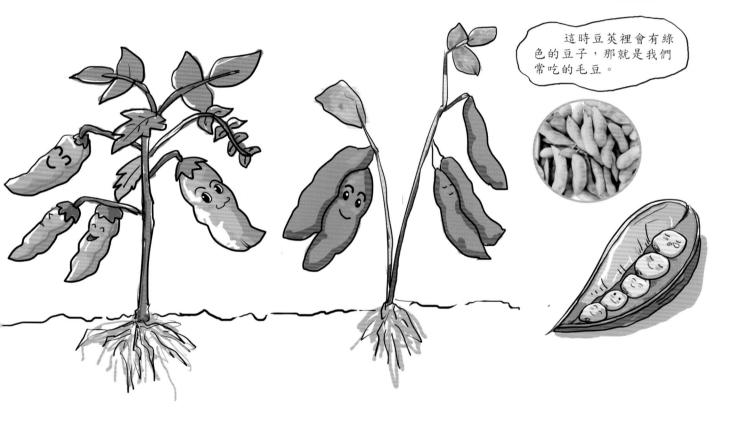

這時豆莢裡會有綠色的豆子，那就是我們常吃的毛豆。

5
花期過後，在原本開花的地方，會結出綠色的豆莢。

6
秋天，豆莢就會變成茶色。

7
在茶色的豆莢裡，藏著金黃色的豆子。這就是成熟的大豆。

日本醬油的分類

醬油雖然誕生在中國，卻在日本得到了突破性發展。日本的醬油不僅種類繁多，吃法也不盡相同。根據顏色和釀造方法的不同，日本醬油大致可分為五大類 300 多個品種。五大類分別是濃醬油、淡醬油、溜醬油、再發酵醬油和白醬油，每種醬油都有獨特的吃法。

濃醬油：用於加工普通菜餚。

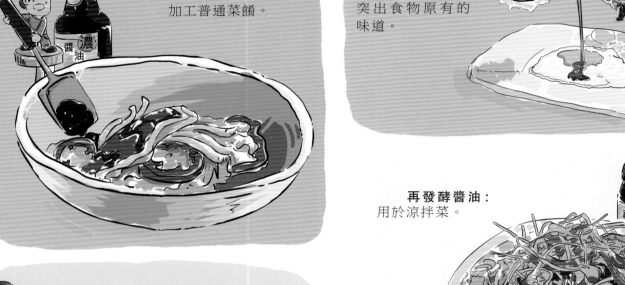

淡醬油：利於突出食物原有的味道。

再發酵醬油：用於涼拌菜。

溜醬油：吃生魚片則要配上溜醬油才有味道。

白醬油：日本愛知縣的特產，比淡醬油顏色更淡，味道偏甜，常用於煮湯、蒸雞蛋、做煎餅。

小黑民俗課 醬油在日本飲食中的重要地位

　　醬油在日本的飲食中佔有重要地位。日本最大的美食網站曾經發起網友調查，推選日本人記憶深處，吃了會落淚的媽媽的味道。一共有十道家常料理上榜，它們有一個共同點：都要加醬油燒煮。可以說，日本人記憶中媽媽的味道，就是醬油的味道。

記憶の深處
吃了會想落淚的
媽媽的味道
網路票選

投票 1st
76490

投票 2nd
50617

投票 3rd
48623

投票 4th
42033

醬油製作

傳統釀造醬油

　　我國傳統醬油釀造工藝講究"春準備，夏製麴，秋翻曬，冬成醬"，智慧的先人完全利用自然氣溫變化的規律，經過"日曬夜露"，釀製出鮮美的醬油。這個過程，通常需要近一年時間。

　　🍶 **小黑生活課** 什麼叫日曬夜露？

　　有句話說："一年日曬夜露，方成香滿天下。"傳統的醬油釀造方法採用自然發酵，偌大的醬園，醬缸整齊地排列在場院裡，日夜接受大自然的陽光和露水，微生物不斷滋生，最終完成醬缸裡神奇的轉化。

釀造醬油的傳統方法

1 將黃豆浸水、蒸熟、晾乾，與麵粉均勻混合，保證每粒黃豆上都沾滿麵粉。

浸泡黃豆

3 裝有醬醅的大醬缸，在露天的曬場上日曬夜露，這個過程需要半年至一年時間。太陽的熱量能使醬醅成熟，並經多種微生物及酶的作用，慢慢地進一步發酵成為醬漿。

醬缸

2 在黃豆裡加入麴黴真菌和濃鹽水，經過自然發酵，形成固態的醬醅。

醬醅

4 經過漫長的發酵後，人們把醬漿拿去壓榨，就得到了醬油。

醬油　　　醬漿

現代化的醬油工廠

今天，人們仍然遵照傳統的原理生產醬油，但是在製造過程中，更多地運用了現代化的機器。

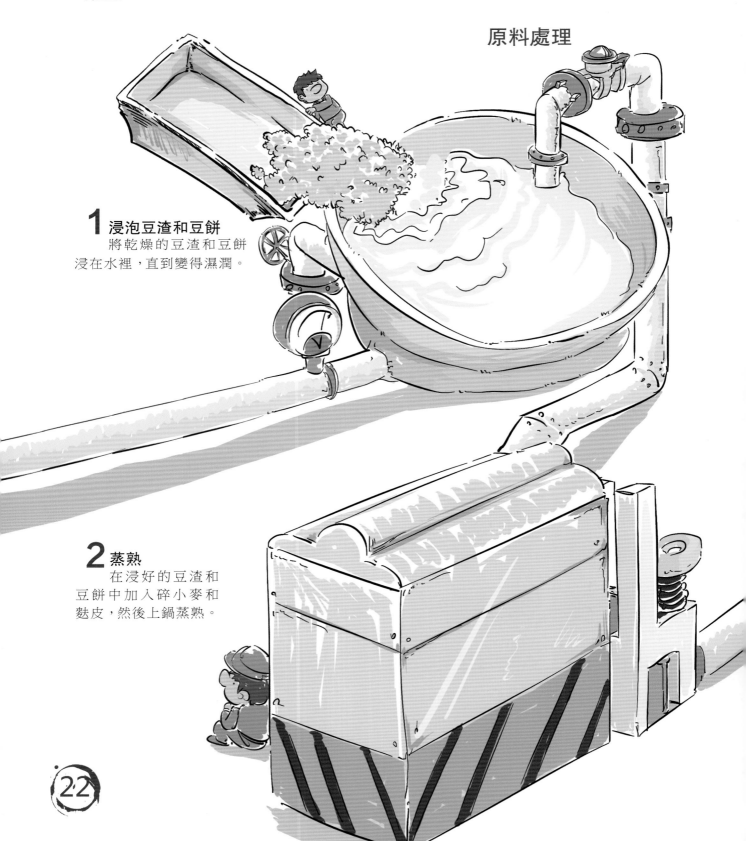

原料處理

1 浸泡豆渣和豆餅

將乾燥的豆渣和豆餅浸在水裡，直到變得濕潤。

2 蒸熟

在浸好的豆渣和豆餅中加入碎小麥和麩皮，然後上鍋蒸熟。

製麴

1 將蒸熟的大豆、碎小麥和麩皮晾涼到 45℃，加入麴黴真菌，充分攪拌均勻。

2 這些新製成的醬麴要放在能保持一定溫度和濕度的控溫室裡，經常上下翻動。三天左右，醬麴就能發酵得充分而均勻了。

製醅

在成熟的醬麴中倒入加熱的鹽水，充分拌勻後倒入發酵池。然後在表面再澆上一層鹽水，製成醬醅。

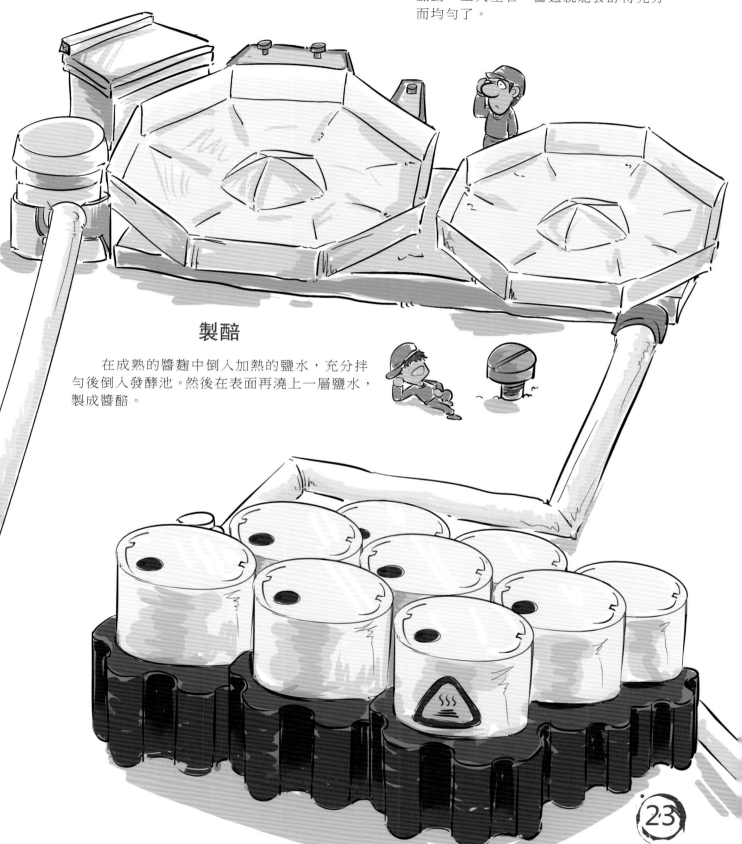

發酵

醬醅要放在巨大的金屬罐中，慢慢發酵、成熟，按不同工藝要分別經過1個月到1年的發酵時間。

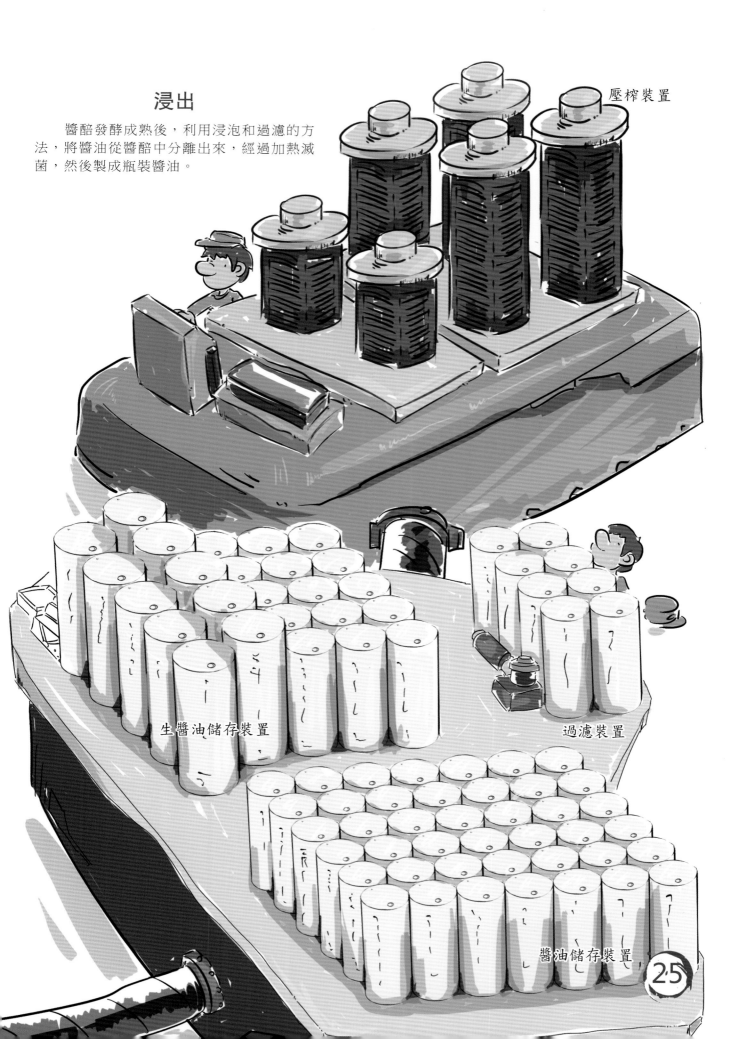

浸出

　　醬醅發酵成熟後，利用浸泡和過濾的方法，將醬油從醬醅中分離出來，經過加熱滅菌，然後製成瓶裝醬油。

壓榨裝置

生醬油儲存裝置

過濾裝置

醬油儲存裝置

25

日本醬油的製作

和中國醬油一樣，在生產方法上，日本醬油也分釀造醬油和配製醬油兩大類。但不同的是，日式醬油是在相對獨立的封閉式發酵環境中生產的。

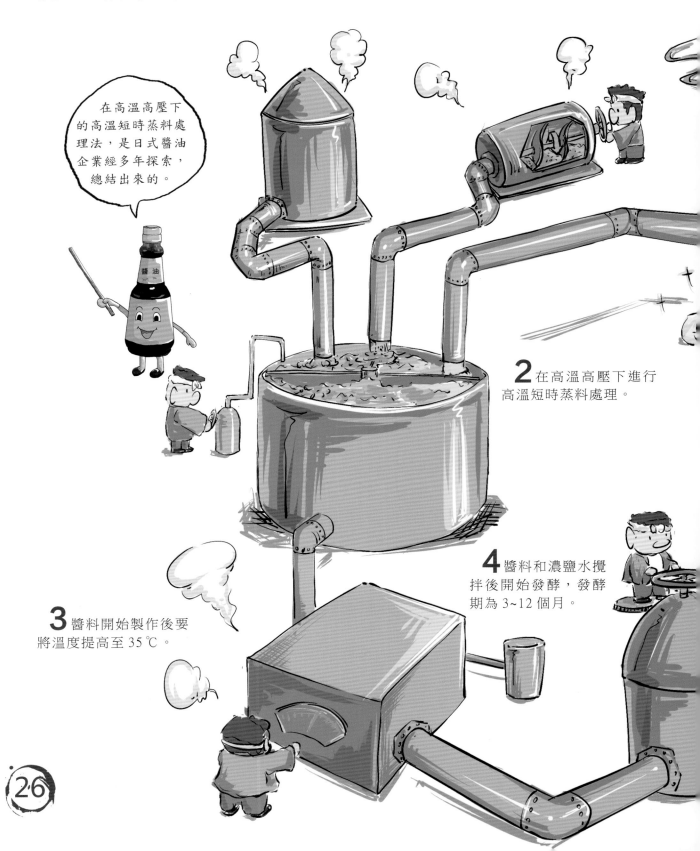

在高溫高壓下的高溫短時蒸料處理法，是日式醬油企業經多年探索，總結出來的。

2 在高溫高壓下進行高溫短時蒸料處理。

4 醬料和濃鹽水攪拌後開始發酵，發酵期為 3~12 個月。

3 醬料開始製作後要將溫度提高至 35℃。

日本稀態發酵醬油歷史悠久，隨著大工業發展，醬油的稀態發酵技術不斷改進。現代的日本醬油生產，管理高度科學化，因為發酵技術的不同，日式醬油也和中國醬油風味有較大差異。

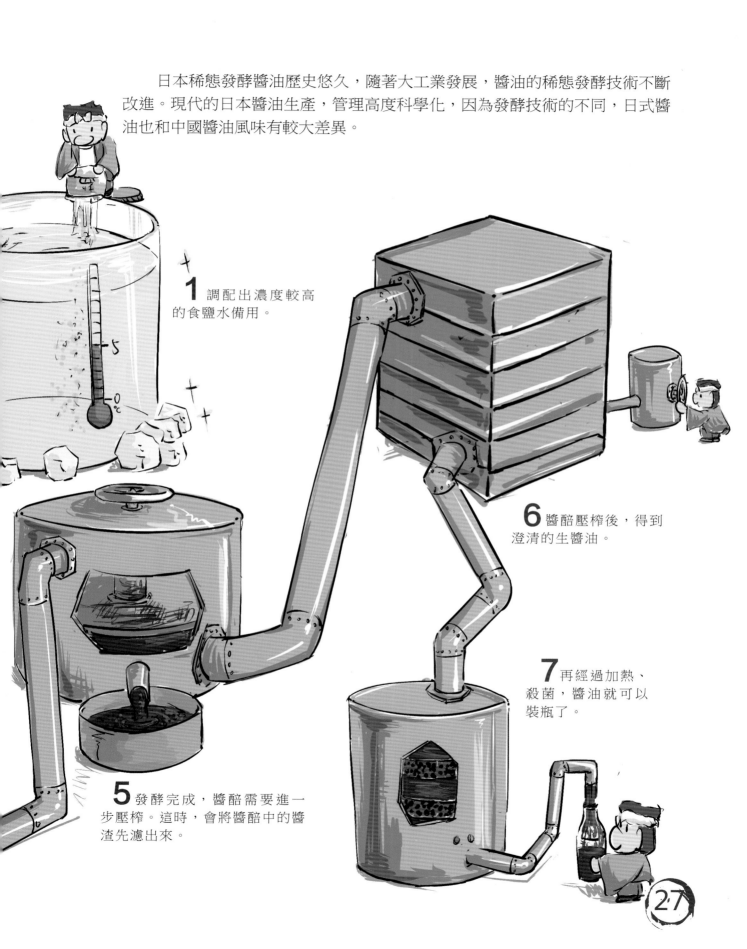

1 調配出濃度較高的食鹽水備用。

6 醬醅壓榨後，得到澄清的生醬油。

7 再經過加熱、殺菌，醬油就可以裝瓶了。

5 發酵完成，醬醅需要進一步壓榨。這時，會將醬醅中的醬渣先濾出來。

那些有故事的醬油

在人們的心目中，醬油代表了"中國味道"，是中華美食文化的精髓之一。不僅古老的製醬工藝傳承千百年，而且老字號的醬油品牌也延續至今。

廈門市有世界最大的醬園

福建省廈門市有世界上最大的醬園，他們堅持生曬醬油，這是很傳統的工藝，就是把一排排醬缸暴露在毫無遮擋的場院裡，讓醬料經歷日照、風吹、夜露，自然發酵。

這個醬園裡有近 60000 口醬缸，這些醬缸都是從民間徵集來的老缸，原料貨真價實，做工考究耐用，透氣性好，有些醬缸已經用了五六十年了。老缸釀老醬，如同老酒，越陳越香。

28

廣東，老字號傳承不衰

　　廣東人好吃、會吃，飲食講究食材的原汁原味，醬油是粵菜裡必不可少的調味品。廣東省地處南方，日照充足，氣候濕潤，非常適合醬油發酵，所以"廣式醬油"名滿大江南北，有歷經300多年的老字號，至今仍然是人們購買醬油的首選。

野田——醬油之都

　　從日本千葉縣野田市車站甫一下車，空氣裡便彌漫著炒小麥和大豆的香味。這裡是日本醬油的發源地，也是今天日本最大的醬油公司總部的所在地。

　　這裡曾經日產醬油 100 萬公升，可謂世界級的醬油之都。小鎮裡還建有專門的醬油博物館，收藏了許多醬油的史料和器具。

改變生活的醬油瓶設計

1960 年,日本設計師榮久庵憲司為日本某品牌設計了一款小號醬油瓶。它輕巧、方便攜帶、美觀,而且用創新式的瓶嘴改善了倒醬油時沿瓶身漏醬油的問題,為該品牌創造了 4 億瓶的銷售奇蹟。雖然在今天看來,這樣的小瓶子隨處可見,但在當時,人們普遍使用 2 公升容量的大桶來裝醬油,這個設計可以說改變了人們對調料瓶的認知啊。

榮久庵憲司

送禮送醬油

日本醬油不僅享譽世界,而且是日本國內走親訪友的禮品首選。比起其他昂貴的禮品,醬油禮盒實惠又受歡迎。因為醬油是日本家庭必備的調味品,而且使用非常頻繁。用日本人自己的話說:"送醬油是不會給對方添麻煩的。"

小黑語文課 詩歌

入山門以雲為友,
攜身邊唯有醬油。

—— 流傳於日本江戶時代

31

營養豐富的醬油

醬油除了能調味，還有許多鮮為人知的營養和保健作用。它營養豐富，對人類的健康非常有好處。

醬油中的營養主力軍——胺基酸

胺基酸是醬油中最重要的營養成分，它由蛋白質分解而來。我們只有從食物中得到胺基酸，才能構成自身的蛋白質。而蛋白質是生命的物質基礎，我們都離不開它。

令人驚訝的是，醬油中含有胺基酸竟多達 18 種，其中就包括了 8 種人體必需的胺基酸。胺基酸含量的高低直接反映了醬油質量的優劣。

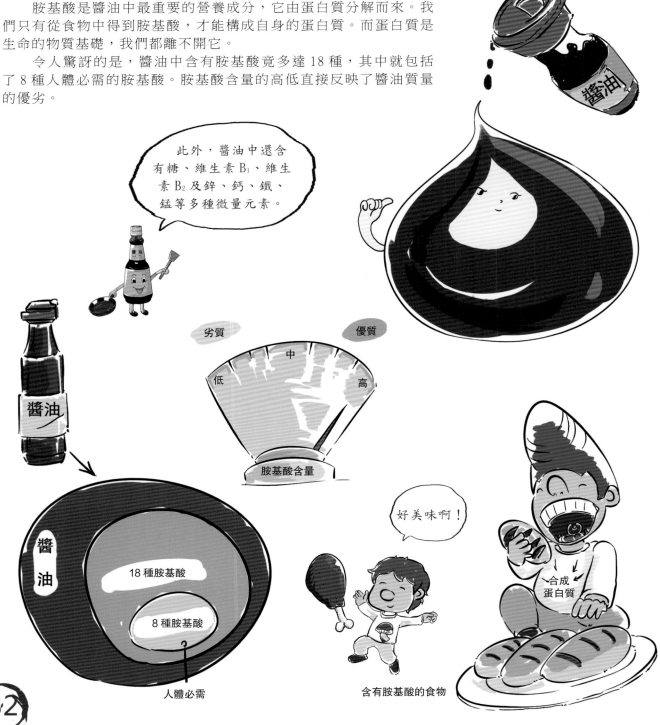

此外，醬油中還含有糖、維生素 B_1、維生素 B_2 及鋅、鈣、鐵、錳等多種微量元素。

劣質　優質

中

低　　高

胺基酸含量

醬油

18 種胺基酸

8 種胺基酸

人體必需

好美味啊！

合成蛋白質

含有胺基酸的食物

醬油為人類健康做出的貢獻

1 **增進食欲**：醬油能增加食物的香味，並可使食物色澤更加好看，從而增進食欲。

2 **延緩血壓上升**：醬油多附於蔬菜表面，呈鹹味，可減少人體對鈉離子的攝入，利於延緩血壓上升。

血壓

血壓

3 **止癢消腫**：醬油可用於燙傷及蜂、蚊等蟲的螫傷，能止癢消腫。

醬油

醫

止癢消腫

蚊蟲螫傷

燙傷

33

醬油做成的美食

江蘇 醬油豆

它既是下酒菜,又是佐餐的開胃食品,它的湯汁還是下麵條的好湯料。

無錫 醬油拌麵

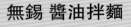

味道獨特,鮮香鹹辣,很可口。

海南 芒果蘸醬油

醬油能去除青芒果的青澀味道,卻保留了它清脆的口感,且很爽口。

東北 啤酒醬油蛋

好吃,營養豐富。

醬油雞

色澤光亮，醬香四溢。

紅燒馬鈴薯片

馬鈴薯浸著醬油的鮮美，味道好極了！

醬油菜心

用蠔油、生抽調配的醬汁淋在鮮嫩的菜心上。

清蒸魚

魚肉軟嫩，鮮香味美，新年餐桌上表達年年有餘的美好祝福。

小黑生活課 學做醬油拌麵

材料：麵條、醬油、白糖、白醋、鹽、芝麻、蔥

1 用醬油、白糖、白醋、鹽炒出醬汁，
少加些熱水煮沸。

2 在鍋中放入清水，
並用大火煮沸。

3 將麵條煮熟，撈出過一下涼水，
盛入碗中。

4 將醬汁澆在面上，切幾段蔥末撒在上面，
撒一把芝麻。美味的醬油拌麵就做好了！

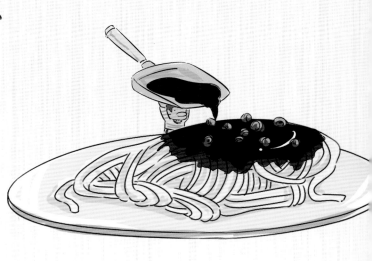

找到最合適的醬油

知道了這麼多醬油的知識，請你為左邊的菜餚配上最適合的醬油，把它們連起來。

紅燒肉

涼拌黃瓜

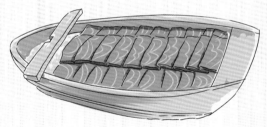

生魚片

烤牛排

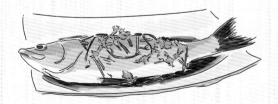

清蒸魚

白醬油

生抽

老抽

豉汁醬油

壽司醬油

 小黑科學課　醬油與鹽水二重奏

實驗材料：

　　兩個大小完全一樣的杯子（注意杯口尺寸要一致）、
一張卡紙、一個盤子、一雙筷子、鹽、醬油、清水。

1 在其中一個杯子裡倒入滿杯清水，
加適量鹽攪勻，調成濃鹽水。

4 慢慢地把盛滿醬油水的杯
子倒扣在盛濃鹽水的杯子上，
兩個杯子杯口對齊。

3 把卡紙蓋在盛滿
醬油水的杯子上。

2 在另一個杯子裡倒入滿杯清水，加
幾滴醬油，用筷子攪勻，製成醬油水。

5 慢慢地抽去卡紙，讓醬油水流入濃鹽水杯中。你會發現，兩種水互不侵犯，界限分明。

6 調換順序，把卡紙蓋在濃鹽水杯上，將濃鹽水杯倒扣在醬油水杯上，再慢慢抽去卡紙。

7 不同的結果出現了，兩種水很快就會混合在一起，變成深淺均勻的一杯水。

為什麼？

　　在物理學中，把某種物質單位體積的質量叫作這種物質的密度。濃鹽水的密度比醬油水的密度大，所以密度小的醬油水倒入密度大的濃鹽水時，醬油只會附在濃鹽水表面，不會相溶。而當濃鹽水倒入醬油水時，密度大的濃鹽水會下沈從而相溶。

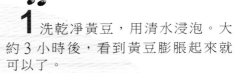 小黑生活課　自製醬油

所需材料：黃豆 500 克、麵粉 50 克、鹽少許

1 洗乾淨黃豆，用清水浸泡。大約 3 小時後，看到黃豆膨脹起來就可以了。

2 把泡好的黃豆蒸熟，直至可以用手捏爛，大約需要蒸 1 小時，記得多放水喲。

3 將準備好的麵粉全部倒進黃豆裡，攪拌均勻，變成黃豆泥。

5 把這些大丸子端到太陽下曬到半乾，或者使用烤箱烘到半乾。

4 把黃豆泥糰做成一個個大丸子。

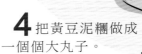

6 給大丸子蓋上薄紗，放在陰涼處，經常噴水保持濕潤，直至全部發黴。

7 把發黴的丸子裝進瓶子裡，加適量鹽水，密封保存，露天放置，最好要常曬太陽。

8 3~4個月後開封，撈出表面的黴菌，用紗布過濾出液體。

9 在濾出的液體中加水，用大鍋連續煮4個小時，其間加入適量粗鹽，還要注意添水，以防乾鍋。

10 最後放至澄清，自製醬油就做好了。過濾完的那些豆豉可以晾乾再使用。

廚房裡的調料家族

在廚房裡，除了我們醬油家族外，還有很多其他調料，它們可都是人們烹飪美食的好幫手。現在，就跟著我一起來認識認識吧。

魚露

醋

糖

鹽

蠔油

料酒

花椒

辣椒

生薑

八角

桂皮

大蒜

小黑旅行記

我和我的小夥伴曾經到世界各地去旅行，在旅途中遇到和聽說了很多有趣的故事⋯⋯

醬油的世界紀錄

廈門的古龍醬文化園，堅持傳統釀造醬油工藝，擁有總面積達 4.4 萬平方米的晾曬場，傳統醬缸 55559 個，被列入金氏世界紀錄。

醬油博物館

在日本、臺灣桃園和中國廣東中山等地，都有醬油博物館。

頂級百貨店也賣醬油

法國巴黎的老佛爺百貨是世界頂級的百貨商場，商場內的韓國傳統食品櫃臺上就售賣韓國精品醬油。

醬油冰淇淋

日本有一家釀造公司一心想生產出醬油口味的冰淇淋，結果誤打誤撞，開發出專門澆在冰淇淋上吃的醬油，竟然暢銷日本市場。據說，澆上這種特製醬油後的香草冰淇淋，吃起來會有焦糖的味道。

醬油有益健康

2006 年，新加坡國立大學的一項研究表明，醬油裡含有的抗氧化物質是紅酒裡的 10 倍，可能有助於預防心血管疾病。

日本有個醬油日

每年 10 月 1 日是日本的 "醬油日"。10 月是醬油主要原料大豆的收穫期，每年的新醬油釀造就從這時開始。因此，10 月和釀造行業有著密切關係。而日本醬油行業認為有必要重新認識醬油的價值，為了振興醬油行業，決定將 10 月 1 日定為 "醬油日"。

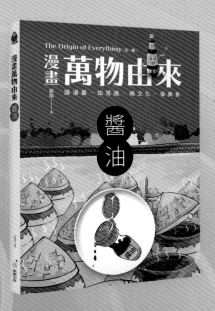

The Origin of Everything

漫畫 萬物由來

讀漫畫 · 知常識 · 曉文化 · 做美食

小樂果 6

漫畫萬物由來：醬油

作　　　　者／郭翔
總　編　輯／何南輝
責　任　編　輯／李文君
美　術　編　輯／郭磊
行　銷　企　劃／黃文秀
封　面　設　計／引子設計

出　　　　版／樂果文化事業有限公司
讀者服務專線／（02）2795-3656
劃　撥　帳　號／50118837 號 樂果文化事業有限公司
印　刷　廠／卡樂彩色製版印刷有限公司
總　經　銷／紅螞蟻圖書有限公司
地　　　　址／台北市內湖區舊宗路二段 121 巷 19 號（紅螞蟻資訊大樓）
　　　　　　／電話：（02）2795-3656
　　　　　　／傳眞：（02）2795-4100

2019 年 3 月第一版 定價／ 200 元 ISBN 978-986-96789-5-7
※ 本書如有缺頁、破損、裝訂錯誤，請寄回本公司調換。
版權所有，翻印必究 Printed in Taiwan.
中文繁體字版 ©《漫畫萬物由來(1)~(6)》，本書經九州出版社正式授權，
同意經由台灣樂果文化事業有限公司，出版中文繁體字版本。非經書面同
意，不得以任何形式任意重製、轉載。